服装品牌色彩设计：

让品牌畅销的色彩奥秘

COLOR DESIGN OF FASHION BRANDS The power of color in market expansion

［韩］尹舜煌／著　王绮萌　李莹莹／译

中国纺织出版社

触动顾客心灵的色彩奥秘

　　21世纪是知识信息产业化的时代，是知识革命的时代，也是价值转移的革新时代。所谓革新，不是简单地改弦易辙，而是彻底地弃旧图新，是用与过去完全不同的视角看待这个世界，是创造出一个全新世界的思维的转换。在20世纪工业化时代，设计师的主要作用是设计款式，也就是改换外观设计，然而现代社会对设计师的最大诉求则是"创造革新性价值"。设计师除了具备可以改换外观设计的基本审美能力以外，还需要具备能够挖掘和满足人们内心潜在欲望的能力，以及协调地创造出具有象征性和独创性的"革新价值和美学感性"的能力。这就要求设计师利用以好奇心和洞察力、构想未来的创意思维以及经过审美训练的设计感性，从技术原创到市场营销，从商品开发初期阶段到最终的完成阶段，扮演一个"统筹协调者"的角色。

　　在当今知识信息时代，时装企业所需要的是能够活跃在各个时尚领域的具备创意感性的设计师和可以提供"表征分析知识服务"的软件专家。例如，概念开发人员(Concept developer)、创意主管(Creative director)、搭配师(Coordinator)、造型师(Stylist)、配色师(Colorist)、面料设计师(Textile designer)、打板师(Modeliste)、产品开发主管(Product supervisor)、商品策划师(Merchandiser)、买手(Buyer)、陈列师

(Displayer)、市场营销人员(Marketor)、促销员(Promoter)等这些过去未曾进行详细分工的新知识生产者。

　　笔者早年赴德国留学深造，1989年学成回国后的15年里，一直从事为韩国服装品牌提供服装策划咨询服务的工作。其后笔者凭借在韩国积累的实务经验，于2004年来到中国上海，在服装策划界已经工作了近二十个春秋。

　　通过与诸多中国服装企业的合作，笔者不仅亲身体验了与韩国截然不同的中国企业文化和服装产业生态，而且也对各个方面有了更深入的理解。为了帮助中韩两国的服装企业善用优势、取长补短，在创建新品牌、品牌更新策划、季节商品策划、设计策划、样品开发、视觉营销(VMD)策划等领域，作为中国服装企业的合作伙伴，笔者愿致力于为渴望在国际服装界获得成功的中国企业提供咨询策划。

　　中国企业有一个不同于韩国企业的现象，笔者一般所接触到的服装企业经营者和负责人大都不是服装行业科班出身，没有系统地接受过有关品牌策划和商品策划的理论教育，缺乏系统实务的工作经验，他们主要通过长期在经营、生产过程中所积累的现场经验以及依靠经验获得的独自的创意，与设计师进行沟通，在业务上亲力亲为。

随着中国经济的迅猛发展，世界各国的进口品牌和中外合资品牌在中国服装内需市场如雨后春笋般地出现，中国服装市场全面进入了国际化竞争的时代。各个企业在决定每季的策划方向，选定新的品类、款式、色彩、面料时，虽然已有了长期的经验积累，但仍显得力不从心，对做出的决定缺乏信心，陷入了出现重复性错误的怪圈。

在品牌策划和商品策划的各种决策过程中，在进行品牌定位的同时，最重要的是选定左右品牌销售业绩的色彩。然而，预先策划和选定色彩实际上主要依靠的是个别负责人极其主观和带有个人倾向的感觉，因此色彩决策常常会成为争议的焦点，是一个难解的课题。

其实说时装"始于色彩，成于色彩"并不为过。

时装通过色彩给顾客留下强烈的第一印象并进行持续的沟通。在超感性时代的时装业，成熟的、有洞察力的色彩感已经成为品牌的核心竞争力。笔者认为，企业经营者和负责人除了要具备对色彩属性的根本理解以外，如果还能针对此前一直被忽视的色彩运用原则，接受相应训练的话，不仅可以大大减少现在沟通上的屡屡失误，也能在时装业的经营上无往不利。

因此，本书针对时装策划负责人从商品策划到市场营销的过程中，选定色彩时必须重点考虑的色彩基本属性和色彩策划时需要把握的核心要点，着重进行了说明。当然，由于内容简短，篇幅有限，读者恐怕无法充分了解和体验色彩的全部。为此，笔者在说明色彩基本属性的同时，在每一章节插入了相关的图片，在说明色彩系统策划原则的同时，也提供了实际案例的相关图片。希望读者能充分调动自身的理性和感性，去积极理解并加以应用，这对成功地进行色彩策划有所裨益。

尹舜煌

2013年7月

目录

Theme 1.
色彩, 感知有机的生命体

色彩，感知有机的生命体

色彩与光的灵动

　　色彩在我们有意识和无意识中通过感性被认知，是影响我们情感的一种能量，也是给我们日常所接触的所有事物赋予生命力的重要元素。色彩与光一起，向我们传递着宇宙中跃动的灵魂和感性，它是有生命力的。

　　没有光的世界也就没有色彩的存在，对我们来说意味着"黑暗和死亡"，所以色彩与光一样象征着生命本身。

　　世界上存在的所有自然事物从出生到消亡，始终同色彩一起传达着自身生命变化的周期。色彩的本质就如同一个变化莫测的共鸣音，世界上所有物体的色彩随着光的各种变化，仿佛音乐一样刺激着我们的五感，给我们带来各种心理上的反应和象征性想象的体验。

▼与光一起传达生命力的花朵、飞鸟、覆盆子等的色彩形象

色彩的认知

色彩的世界是多变的、相对的，用任何理论都无法准确地预测或测量出它的效果。那么，色彩的认知体系是由什么构成的呢？

物体与光一起通过眼睛传送到大脑视觉中枢的认知作用因人而异，每个人所感知的色彩千差万别。即便是相同的色彩，由于光线的波长不同，也会被感知为截然不同的色彩。另外，即使是反射条件相同的物体，色彩波长传送到视网膜和大脑的过程也会因人而异，并产生完全不同的心理反应。

▼各种白色的色彩形象：即便是相同的白色，因形态、材质以及个人经历不同，也会被感知为截然不同的色彩形象

色彩, 感知有机的生命体

　　人类的大脑对特定色彩存在着累积的认知经验。也就是说，大脑储存着受过去学习经验和知识影响的"前理解"(Vorverstandnis)，前理解会感知成与实际完全不同的意义，根据个人的倾向和经验，不同的人在看到事物的瞬间，会引发各不相同的情感反应。就像费伯·比伦（Faber Birren）的名言："美不是存在于环境和现象中，而是存在于人类的大脑中。"

　　色彩的感知存在于人的意识当中，因此原则上色彩认知体系是不存在界限的。根据每个人的经验和情趣，对色彩赋予的神秘、有趣、自然、新鲜、美丽、丑陋等的感知程度会有所不同。因此，根据不同变量条件下对色彩认知体系的理解，去发掘并创造各种"色彩之美"完全属于色彩专家探求的领域。

▼各种黄色的色彩形象：根据个人的意识和认知体系，分别感知到"新鲜的、平和的、华丽的、希望的"等信息

色彩，感知有机的生命体

　　普通人通过肉眼大约能识别一千种左右的色彩，经过训练的色彩专家用肉眼大概可以识别两千种甚至更多的色彩。

　　色彩在任何情况下都无法脱离认知对象而单独存在，人们总是通过附着于某一物体的色彩去识别。同时，物体又具有各自不同的形状和材质特点，有时即使是同一色彩或同一物体，也会因周边环境的不同，被认知为完全不同的形象。

▼各种不同绿色的色彩形象：不同形态、材质吸收光线不同会导致色感和色调差异

色彩，感知有机的生命体

　　最重要的是我们应该认识到，所有被认知的色彩在任何情况下都没有绝对值，即便是同一种色彩，也会由于光线条件、物体特性以及配色条件的不同，被认知为不同的色彩。

　　没有光，物体本身是无法呈现出色彩的。即，色彩只是光线投射到物体表面时的一种视觉感知现象。

　　同一个物体，按照不同的光源，随着自然采光或人工照明亮度的变化，会呈现出不同的色彩。

　　因此，所有物体即便是具有相同的色彩，也会在不同的光线下被看作是色彩完全不同的物体。即使是在相同光线下的同一色彩，也会由于物体本身不透明、半透明或透明的材质差异，造成光线的光反射率和光透过率各不相同。因此，由于物体、光线、视觉器官以及大脑相互作用的认知过程的不同，导致被感知的色彩也大不相同。

▼随着自然采光以及人工照明的光照度不同，呈现全新形象的悉尼歌剧院

色彩的物理属性

色彩本身和物体相互间的物理反应体系是什么样的?

色彩具有三大基本属性。根据光的不同波长，色彩呈现的系列变化叫色相(Hue)；根据光的明暗程度，色彩呈现的系列变化叫明度(Lightness)；根据色相的纯度，色彩呈现的系列变化叫彩度(Chroma)。这三个要素按照不同的比例组合，创造出各种色彩，呈现出多样变化。

色相体系

所有物体反射的光线被人眼(视网膜)接收到时，由于光波波长的不同，呈现出的颜色就是色相。

色相分为有彩色和无彩色两种。

颜料的基本三原色是红、蓝、黄，光的三原色是红、蓝、绿。

颜料的三原色红、蓝、黄混合在一起得到的是黑色，光的三原色红、蓝、绿混合在一起得到的是白色。

通常情况下，原色呈现鲜明而强烈的视觉效果。

把三原色中的两个色彩以相同比例混合后，就可以调配出间色(亦称第二次色)：紫色、绿色、橙色。再将其中一个间色与另外一个原色以一定比例混合后，又可以调配出色彩各异的复色(第三次色)。以这种方式反复混合即可调配出第四次色乃至成千上万种色彩。

▼ 光的三原色：RGB（红、蓝、绿 →白色）

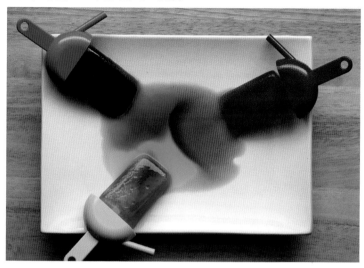

▼ 颜料的三原色：CMY（蓝、红、黄 →黑色）

色彩，感知有机的生命体

明度体系

根据物体表面吸收和反射光的程度不同，色彩的明暗程度就会不同，这种色彩的明暗程度称为明度。

无彩色是指没有色彩的白色、灰色和黑色。

补色以适当比例混合即可产生灰色。白色和黑色按照不同的比例混合也可调配出各种明度的灰色。这种情况下调节黑色的混合比例，即可调出亮、中、暗的中间色调，调节白色的混合比例，即可调出具有各种亮度与色调的淡色调。

这样，将不同浓度的黑色、灰色、白色与各种色彩混合在一起，通过调整混合比例，不仅可以增强明暗效果，还可以使原色相的强烈效果变得柔和或失去特点。

彩度体系

彩度是指随着色彩固有的波长强弱程度呈现的色感差异。按照物体表面反射特定光波波长的纯粹程度可称之为纯度(saturation)和强度(intensity)。

在纯原色中加入各种无彩色以及混合色，调节混合比例，色彩的纯度会变得浑浊，变成与原来的纯色色味完全不同的色彩。

▼ 红、黄、蓝三原色所设定的明度和彩度体系

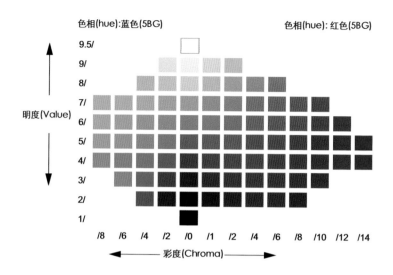

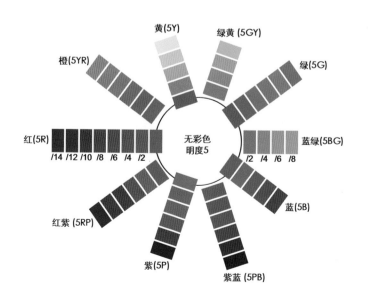

色彩, 感知有机的生命体

▼ 不同彩度下形成的感知差异, 有色彩和无色彩的色彩形象差异

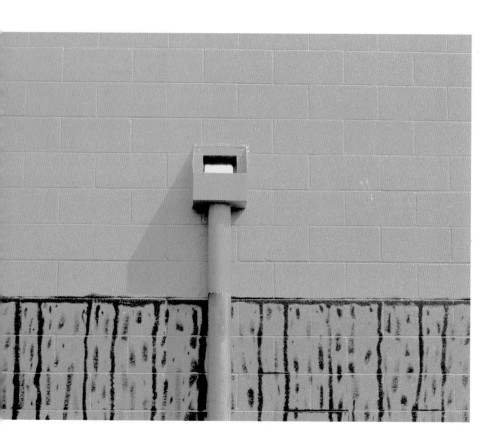

色彩，感知有机的生命体

▼ 自然木头色彩形象：各种表面质感和加工处理后所呈现的不同视角感受

色彩的创造与再现

人类能够创造出的色彩到底有多少?

色彩化学反应体系中的重要条件是什么?

世界上存在于自然中的所有色彩,随着时间和空间在不断地变化和创造着,我们可以在不经意间通过自然体验并学习色彩。

我们日常所接触到的所有色彩,都是从太古之初就存在于无限自然之中的自然固有色彩那里获得灵感而再现出的色彩。在古代,人类利用土、石等矿物质以及植物的液体或动物的骨头,将自然的色彩如实地再现于物体上。

其后,渐渐利用科学技术开发出了人工染料和颜料,人们也由此得以实现了无限色彩世界的再创造。根据染料或颜料的特性,分别运用染色或印染等工艺,按照物体的物理性质、质感或者水质,利用不同的化学分子结构的结合以及染色反应程度,可以再现出完全不同的色彩。因此,要想准确地染出自己所希望的颜色,材质、质感、染色技法和水质的选择尤为重要,另外熟练的技术更是不可或缺。

Theme 2.
理解色彩的形象语言

理解色彩的形象语言

什么是色彩的形象语言

什么是形象？

形象与物体(Object)是相对立的概念。物体作为个体被外部所认知，而形象却是在我们心里画出的"心象"。也就是说，物体存在于实际的空间，而形象却是由心而生。

所谓形象就是为了表现和传递对于某个对象的感觉和情感时所使用的概念性视觉语言道具。对现在的对象所产生的感觉与过去的经验和所学的信息联系在一起，通过一系列的联想过程，在心中勾画出来。

形象就是将多种不同性质的元素同时整合起来，最终把感受传达给内心的代表性语言概念。

▶ 不同的自然物体的形态、质感和色彩会给人不同的感受——柔软、粗糙、温暖、柔和等各种色彩固有词语和联想形象

　　色彩将各种不同的元素：视觉—色彩—大脑、人—色彩—内心、物体—色彩—环境同时联系在一起，组成形象反应系统，成为激发情感的媒介。

　　来自于自然的所有色彩都拥有本身固有的联想形象，在传达过程中转换成语言的概念，实现相互的情感沟通。

◄ 玫瑰、郁金香等鲜花所特有的女性感固有联想形象和通过过去各
种经验所学到的珍珠、彩带、蕾丝等可爱、浪漫的颜色形象

理解色彩的形象语言

　　人们所感受到的色彩温度的差异，不仅与自身固有的色彩形象有关，另外随着明度和彩度的变化也会发生变化。因此，无论是单独还是混合的色彩，都通过象征性的联想形象进行沟通。有时与文字这一符号体系相比，为了交流沟通，色彩反而会被当作最强有力的沟通手段来使用，而这正是缘于联想形象的象征性。

　　存在于自然中的所有物体与自身的形状和材质感一并被感知的色彩初次联想形象即可视为色彩的固有语言。

　　色彩与温度也有着密切的联系。例如象征火焰的红色意味着火热、热情；象征水的蓝色意味着冰冷、冷漠；象征绿草的绿色意味着希望、成长；象征夜晚的黑色意味着可怕、不祥。自然的所有色彩都有源于经验的单纯语言概念。

▼ 有"热情的、强烈的、火热的"等固有色彩形象语言的红色系

▼ 有"清新的、冰爽的、洁净的"等固有色彩形象语言的蓝色系

▼ 有"神秘的、丰富的、优雅的"等固有色彩形象语言的紫色系

理解色彩的形象语言

　　虽然个人所体验到的对色彩形象的感受，会因个人的性情和经验的不同而有所不同，但对长期生活在同一自然环境和社会文化圈内的人来说，已经自然而然地形成了大家可以共同理解和使用并进行相互沟通的色彩形象语言。

　　在同一文化圈内共同体验到的色彩形象，除了源于光波波长的本质特性以外，大都是从自然现象、传统文化、社会政治因素等积年累月的反复体验中学习获得的，因此不同时期、不同地区以及不同国家所喜爱和厌恶的色彩形象是不同的。

实际上，为了达到沟通目的的色彩形象的表现，是将拥有共同特点的形状、材质、色彩等视觉要素经过整合后完成的。

▼ 在中国传统的衣、食、住的文化环境中，象征财富和丰饶的代表性颜色—— 强烈的红色和金色色彩形象

▼ 在日本传统的衣、食、住的文化环境中，象征自然美和节制美的代表性颜色——各种无色彩感觉的褐色和藏青色色彩形象

▼ 在以地中海为中心的希腊自然和居住文化环境中，象征大海和天空的代表性颜色——凉爽的蓝色、白色色彩形象

▼ 在广阔的热带非洲居住环境中，象征朴素、单纯美的代表性颜色——各种大地色和强烈阳光下的原色色彩形象

▼ 在欧洲传统罗马式建筑环境中，与教堂的壁画一起象征优雅、干练
美的代表性颜色——淡彩灰色、自然淡彩色的色彩形象

▼ 在伊斯兰建筑样式文化中，象征华丽、精致的代表性颜色——各种宝石绿、珊瑚棕、金色的色彩形象

理解色彩的形象语言

色彩的形象与形状

　　色彩本身在任何情况下都不会单独存在。色彩的形象和形状有什么关系？

　　物体有着千姿百态的形状，所有物体的形状如果没有色彩是不可能独自被认知的。我们在观察并感受色彩的时候，看到的是某个物体的色彩。而这一物体既有色彩，也有形状的特征。形状是由二维平面的点、线、面和三维立体结构的特性构成的，各个元素都有着自身独特的固有形象。

（开花）Blossom

柔和的淡彩色
薄荷、丁香紫为点缀
满是女性感的氛围

（郊游）Picnic

不同质感的祖母绿和橙色相遇
深酒红色和深绿色的融合
演绎高档的感觉

▲ 季节发布会色彩形象分析，了解由不同的面料、款式以及各种颜色组合所形成的每季新形象风格变化

通过对点、线、面等基本形状要素的变形、对称、连接、删除、旋转、投影、歪曲，可以形成有规律的几何形状或天然不规则的自由形状，塑造出新的组合形象。此时，形状本身柔和、锐利、轻薄、不稳定、粗重的固有形象又与色彩结合在一起，形成新的合成联想形象。

通常我们在制作某种产品时，最先考虑的是目的和用途，其后我们会决定形状和材料，最后才会考虑颜色的选用。然而在产品完成后，最先被强烈感知的往往是色彩。

因此，色彩具有的形象与形状具有的形象相互协调统一，在提高设计完成度方面是最重要的。

(振动) Vibration
如日晒褪色一般，如酸化一样的人工色彩
同色调配色所形成的鲜艳色板
通过微弱的差异呈现

(冒险家) Adventurer
体现人类和自然的均衡
新的色彩调和
柔和而新鲜的色彩搭配

色彩的形象与质感

色彩的形象效果根据材质的不同会出现何种变化?

世上的所有物体都有着固有的材质感，我们所制作出的所有质感表现也跟色彩一样，都是源于自然万物固有的材质感的启发。

材质感和形状一起更加丰富了色彩的视觉经验。

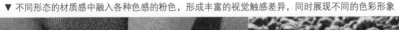

▼ 不同形态的材质感中融入各种色感的粉色，形成丰富的视觉触感差异，同时展现不同的色彩形象

理解色彩的形象语言

　　质感不仅可以通过触摸感觉到，同时依靠过去触摸的经验，仅凭视觉也可以感觉到质感的差异。有时在触觉质感没有差异的情况下，却会出现视觉质感的差异，也就是说利用色彩和形状的组合效果，可以表现出看似不同的视觉质感。例如，通过壁纸和织物表现各种视觉质感的差异时，花纹图案的形状和色彩的组合就是表现质感的重要元素。

▼ 油光、哑光、凹凸表面、光滑表面等各种表面质感中融入各种色感的棕色，形成丰富视觉触感的同时展现完全不同的色彩形象

理解色彩的形象语言

　　利用线和面的方向及大小，可以令视觉产生膨胀、收缩、前进、后退等错视效果，再加上与各种色彩的组合，加入阴影的明暗效果使色调产生变化，那么即使是在平面上也可以演绎出具有立体感的质感形象。

　　另外，根据材质的有光、无光、凹凸、平滑等各不相同的表面质感，即便是同一种色彩也会被视觉感知为完全不同的色彩形象。

▼ 通过色彩和色调的变化呈现阴影效果，在平面中反映立体感，相同的色彩中可以演绎出不同的色彩形象

12SS Clements_Ribeiro
13SS Marc_by_Marc_Jacobs

色彩的形象与空间感

空间的定义虽然也包括想象空间和无限空间的概念，但是在设计方面，空间特指长度、宽度和深度有限的三维空间。不同空间演绎出的色彩形象效果有什么差异？

色彩对于感知有限的空间起着很大的作用。色彩的特性是可以在视觉上使小的空间变大、浅的变深，有时还可以使二维的平面感觉像三维的立体空间。这是因为色彩与形状一样，具有前进和后退、膨胀和收缩的效果。通过色彩在不同空间的运用，利用远近感和立体感的变化，就可以使色彩的固有形象摇身一变成全新的形象。

因此，无论是在装潢领域，还是在时装领域，利用各种材质、色彩和形状的组合创作出的作品，通过空间的错视表现方式，就可以最终高完成度地演绎出既定的目标形象。

▶ 相同的家具设置，调和不同的颜色和色调，强烈的、温和的、干净的、沉着的等完全不同形象的展示

理解色彩的形象语言

▼ 相同空间内通过不同的色彩组合呈现不同的装饰风格形象

米色与无色调组成的自然氛围

强调湖蓝色，既干净又
清新的氛围

珊瑚粉与条纹所组成的现代浪漫的氛围

Theme 3.
流行色的预测与应用

时尚的本质与文化现象

时尚是在日常通过感性实现存在价值的一种自我表现语言。不仅是人本身，与人共同演绎的物体也作为感性形象被认知。

深入我们现代人日常生活的时尚意味着什么？

时尚的本质是变化，是为了满足无穷无尽变化的欲望而进行的创造性模仿。文化也与时尚的本质一样，是在永无止境的变化中实现进化。时尚和文化的共同本质都是在追求新价值的过程中，通过模仿和创造谋求变化。

我们通过日常生活中的时尚和文化活动，享受着自我创造的行为，寻求着自我完善的蜕变。

文化是透过同一时代、同一地区的社会成员之间共享和反复学习的价值来表现出的行动上的特点，每个特定人群的行动态度和表现方式大相径庭。

在此情况下，各种人群形成社会共识的价值变化趋势称之为文化趋势，感性的潮流变化称之为时尚流行趋势。

▼ 20世纪40年代的代表款式风格——新生的迪奥款式、学院款式、军旅款式

一般而言，普通大众在同质生活文化圈内会跟从社会变化的大趋势，而少数的特定人群跟模仿相比，会追求独自与众不同的生活方式，同时创造并引领流行趋势。

从根本上讲，领导流行是在不与同时代出现的文化潮流背道而驰的同时，挖掘出还未崭露头角的潜在文化价值，找出潜藏在人们无意识中的变化动机，提前展示给人们内心尚未实现的梦想。因此，时尚业的竞争力就在于比任何人都要迅速地感知变化，了解消费者核心需求的变化，必要时要能够逆潮流而动，成为变化的主导者，引领流行趋势。

通常来说，日常生活的所有消费品可以分为以满足使用功能为目的的功能性产品和追求精神满足的时尚产品。这里，时尚产品的不同之处就在于产品内在的无形的感性附加价值。因此，在销售感性价值的时尚业，所有产品的竞争力并不在于外观或功能，而是把产品作为一种手段，为消费者提供全新感性体验的时尚感性的附加价值才是商品的竞争力。

▼ 20世纪50年代的代表款式风格——杰奎琳款式、赫本款式、香奈儿款式

▼ 20世纪60年代的代表款式风格——嬉皮风 / 披头士摩斯（Mods）风

▼ 20世纪60年代的安德烈库雷热 / 超模崔姬（Twiggy）风 / 蒙德里安风 / 男女休闲牛仔

20世纪70年代的代表款式风格——多层套穿 / 朋克风/ 健身热 ▼

20世纪80年代的代表款式风格——内衣外穿装 / 训练运动装 / 戴安娜装 / 中性装扮 ▼

什么是服装流行趋势

服装流行趋势就是通过不断进化的创造的欲望，表现出的生活方式的变化趋势。

虽然人的感性欲求因人而异，但是经过不断地挑战和发展，基本上按照从"生理需求"到"自我实现的需求"再到"创造的需求"，向着日渐成熟的感性之轴移动。随着个人追求的价值观的变化，消费时间和金钱的生活态度也互不相同，不仅影响着他人的生活方式的改变，同时自身也受到相应的影响。

以某个时间点为准，伴随着新现象的出现，新概念的价值观慢慢形成后又淡化消失，这种通常以5~10年的周期核心价值出现变化的现象称作时尚大趋势(Megatrend)。趋势有着经过一定时间后不断重复的特性。因此，理解周期性流行趋势的变化对预测未来趋势是非常重要的。

那么，服装流行趋势预测是从什么时候开始的？为什么开始了这个预测？这给服装产业带来了什么样的影响？

欧洲进入20世纪工业化时代后，一直以来的小批量订单生产日渐减少，事先策划的大批量生产系统不断扩散。整个服装产业界形成了要事先尽量降低库存积压风险的共识。在这种背景下，从20世纪80年代开始以欧洲为中心，负责新产品开发和市场营销的专业人员开始举办便于交流各企业开发信息的私人社交聚会，这种日渐活跃的聚会其后便发展成了组织。通过这样形成的组织，不仅同行业之间可以共享产业信息，而且随着市场的变化，预测未来的产业环境和研究开发核心技术的专门机构与企业也随之应运而生。

这一时期，巴黎、米兰、伦敦等地的欧洲时尚中心城市开始举办面料、服装、饰品等大型的国际展览会和设计师时装发布会，展开了积极的全球营销，并多管齐下地通过媒体发布新产品信息以及每季的流行趋势。

另一方面，同样是出于市场营销的目的，向全球市场发布流行趋势预测信息的国家机关、专业协会、时尚资讯公司也大量涌现，为需要开发咨询信息的其他国家地区的企业提供商品化的流行趋势信息。

　　与此同时，以欧洲发达的时尚市场为中心相互共享的款式、面辅料、色彩等服装流行趋势信息，又依次扩散到全世界各地区的市场，引领着全球市场消费者的流行趋势。

　　但是，面向不特定的多数人，以多管齐下的方式发布的前沿服装流行趋势信息日趋泛滥。即便是在同一国家内的消费者，不同人群及不同生活方式对服装流行趋势的需求也各不相同。因此，面对不同国家、不同地区的目标顾客，根据品牌定位，企业面临着要将特定前沿时尚文化或针对特定市场的服装流行趋势信息加以删除、缩减或者扩充的变数。由此，在共享前沿服装流行趋势的同时，我们还需要根据市场情况和企业的特点重新进行验证，寻找出不同地区、不同市场、不同消费者群变化的核心要素。

　　近年来，以中国、韩国、日本为中心的亚洲地区国际贸易中心城市也开始频繁举办国际性面料、服装、饰品的国际展览会和设计师服装展等。因此，除了时尚潮流领域的发达国家发布的流行趋势以外，对各地区服装流行趋势变化的预测也变得更加容易。

　　现在，我们只需通过为各国特定市场提供流行趋势预测信息以及为特定品牌的季节商品策划提供一对一量身定制的服装流行趋势信息的专业服装资讯策划公司，就可以获得系统专业的时尚流行趋势信息。

◀ 2013春夏巴黎第一视觉（Premiere Vision）色彩及面料流行趋势馆

服装流行色的分析方法

服装流行色是可以最先抓住顾客视线的"卖点(Selling Point)"。

在季节服装色彩策划中为什么流行色的分析非常重要?

最容易影响人的情感的元素之一就是色彩,流行色里隐藏着那个时代曾备受关注的社会文化背景。流行现象背后隐藏着生活在那个时代的人们的心理。

人们的心理总是向往自己没有的东西,追求新的变化,但同时又希望维持情绪和心理上的安定和平衡。因此,任何现象达到过于饱和状态时,人们就会出现寻求平衡的心理,会慢慢地,有时甚至会迅速地选择相反的形象。

通常情况下,下一季的服装流行色预测就是要从最近出现的新现象中捕捉到能转换成色彩形象的价值概念,同时对现在市场中领军品牌的色彩变化以及目标市场核心顾客着装变化的特点进行彻底分析。

为了能准确地分析和预测服装流行色,我们要通过以下步骤来找出新出现的色彩形象的共有变量。

2014 春夏流行趋势分析 *S/S TREND influence*

Uneasy Society 动荡社会

Materialism 物质主义

Unemployment Problems 失业问题

Unstable Old Agez 无保障的老年人

Polarization of Wealth 极端的贫富差距

Healing Therapy 愈合治疗

Essential Healing 基本治愈

Healing 治愈

&

Future Friendly 未来亲和

Science 科学

2014 春夏流行趋势分析 *S/S TREND influence*

治愈 Healing & 科学 Science

Essential Nature 基本自然

Future Friendly 未来亲和

Recombination 重组

Natural Healing
自然治愈

Recall Old times
回忆过往

Yes Performance
正能量

Modernized Craft
现代感的手工艺

第一，将国际领军品牌中形成主流的人气色彩和特定服装市场开始出现的新色彩，按照色相、色调进行分组后开始形象图表工作。

所谓形象图表是指将选定的色彩中属于同一范围内的色相和色调的色彩进行分类，同时使用概念相近的形容词进行概括。例如，将"柔和的/坚硬的、动态的/静态的、年轻的/成熟的、冰冷的/温暖的"等相反形象，在x、y轴的范围内找到对应的位置。

每季重复进行这一工作时，可以根据新出现的色相和色调的位置移动变化，将当季所强调的新色彩形象与上一季的色彩形象进行对照比较。

▼ 将色相和色调按照x, y轴分类的色彩形象图表

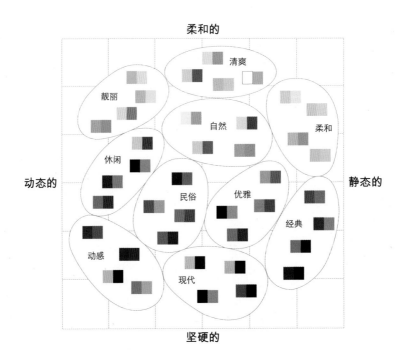

　　形象图表分析工作的重点是要把各个特定市场或各个生活方式特征不同的消费者群，按照特点进行细致划分后再加以分析。

　　在产业化时代初期，主要是按照性别、年龄、职业、收入等人口统计学标准细致划分顾客群后，再对各人群的流行趋势接受程度进行分析。

▼ 爱好极限运动的专业运动一族的生活方式

　　但是，在感性产业化时代，除了基础统计学的标准以外，还可以以衣、食、住所代表的生活方式、业余爱好、时尚感性、消费观念等生活的内在价值为标准，划分消费者群。通过创造性、变化性、审美性、社会性等多维文化体系的感性轴，导出各个人群的流行趋势接受程度和所追求的感性价值概念。

▼ 爱好休闲运动、高档运动的时尚一族的生活方式

项目案例：韩国Kolong「Head」

第二，需要对全球发布的流行色预测信息进行综合分析。

通常是由全世界20多个国家代表参加的"国际流行色协会（Intercolor）"最先正式公开发布全球服装流行色预测信息，发布时间一般是在季节新品上市的18个月前，一年分春夏、秋冬两次发布。

其他欧洲各国的时尚资讯公司大约提前12个月先后陆续发布流行色预测信息。

其后，各企业应将各国的服装流行色预测信息和本国国内时尚资讯公司提案的服装流行色之间的共同点和不同点进行比较分析。

同时，通过12个月前举行的国际面料展览会和6个月前全球设计师发布会上新展示的服装色彩，与资讯机构已经发布的预测信息再次进行比较和验证，找出共同发布过的形象以及色相和色调的变化。然后，再对体现了各地区文化和社会环境特点的特定市场的服装流行色和色调进行分析后，根据各企业的品牌概念和市场定位，最终导出季节服装色彩策划中应反映出的新色彩形象以及流行色和色调。

第三，在具体服装流行色预测中最重要的一点是要以各个企业的"色彩销售数据分析"为依据。必须要建立每季自身品牌和竞争品牌的热销与滞销色彩的长期销售比较分析数据。

每季进行服装色彩预测时可以积极利用数据分析，减少极其感性的色彩预测工作的误差。以市场为依据，可以更加系统地、有把握地进行色彩预测。

▼ 国际流行色协会（Intercolor）会议现场

2014秋冬流行色主题（国际流行色协会发布）

1. 思考与制作（*Think & Make*）

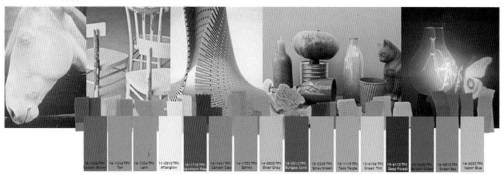

2. 艺术与科学（*Art & Science*）

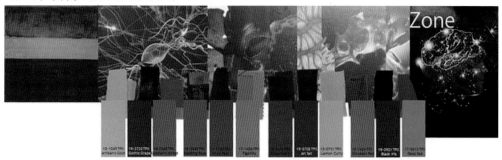

3. 手工艺与魔幻（*Craft & Magic*）

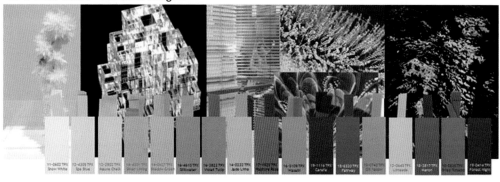

服装流行色与服装市场营销

当今服装市场营销的核心技术是什么？

流行色的作用是什么？

服装市场营销不是在销售产品，而是在销售感性价值，感性价值是在销售梦想与未来。色彩市场营销就是感性营销，即形象营销，是能感动顾客的最简单、最强烈的沟通手段。色彩营销策划不是在产品开发的最后阶段决定色彩，而是从产品开发初期着手，反映出产品的固有特性，与产品一起激发新的想象空间，创造出战略性色彩形象。

因为要把看不见的感性或爱好，用看得见的色彩、形状、面料将其形象化，以此来刺激人们内在的感性，激活消费者无意识的反应，所以摆脱原有思维定式的束缚，以不同于过去的想法构思看待事物、接近事物就显得格外重要。

服装色彩营销不只是重视视觉的感受，可能的话还要调动触觉、味觉、听觉、嗅觉，刺激五感，最大限度地利用色彩形象，为顾客提供丰富多样的五感体验的机会，开发出可以赢得顾客内心的营销技术。利用五感的感性营销技术可以与消费者形成更加牢固的纽带感，因为视觉是五感中最强有力的沟通手段。

凭借色彩营销的效果，不仅可以使新产品比竞争品牌更凸显存在感，而且还能发挥卓越的形象整合功能，即使是完全不同的产品，也可以被识别出是属于同一品牌。另外，可以将新的流行色反复应用于每个上货波段的各种服装品类中，突出引领流行趋势的领军服装品牌形象。此外，也可以与其他市场营销要素有机地结合起来。

▼ 强调2013年流行色——薄荷绿的橱窗陈列

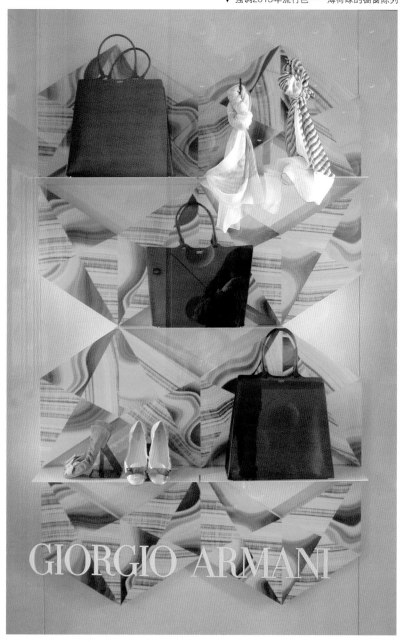

▲ 强调2012年流行色——橙色的橱窗陈列

奢侈品品牌的色彩营销

奢侈品品牌的差异化色彩营销战略有什么不同？

国际奢侈品品牌的核心品牌战略之一就是先从刺激顾客的感性入手，强化色彩营销。通过拥有文化历史背景的"品牌故事"构筑强有力的品牌形象，通过设定目标色彩形象传达明确的信息，反复不断地引起联想效果。通过反复运用流行色和能够轻易联想起品牌特性的品牌象征色，既突出每季品牌的差异性，又强化统一的品牌联想形象。

奢侈品品牌为了实现最高的品牌价值和彻底有别于其他品牌的差异化，从新品开发、卖场陈列到广告，整体上综合运用革新性色彩，凸显每季品牌的稀有性与话题性，最终达到提升顾客"品牌忠诚度"的目的。

由此可见，奢侈品品牌以顾客的品牌忠诚度为核心，为了满足顾客应对变化、创意地追求自我实现的需求，经常将颇具实验性的革新色彩形象定为季节流行色。

奢侈品品牌同时还与顾客分享自己所提案的新的美学价值，使顾客对自己所追求的"梦想与未来"为之感动和狂热，让顾客产生"非拥有不可的想法"就是色彩营销技术的核心所在。

如果奢侈品品牌把已经经过市场认可的流行色运用在产品上的话，只会失去作为知名品牌的品牌生命力。

然而，品牌忠诚度相对较低的大众品牌可以将上一季奢侈品品牌推出的已经被消费者认可的相对安全的流行色，积极地应用到下一季的产品上，起到逐次扩散流行色的作用。

一些比较保守的时尚市场会连续几季使用相同的流行色，使其成为受到关注的重点销售色彩。

▼ 东方形象中融入各种原色色彩，三宅一生2013春夏发布会和突出刻
画华丽色彩感的白色店铺终端

流行色的预测与应用

▼ 品牌的象征色为黑与白的"像男孩一样"(Comme des Garcons)2013春夏发
  布会及演绎点缀色的概念店

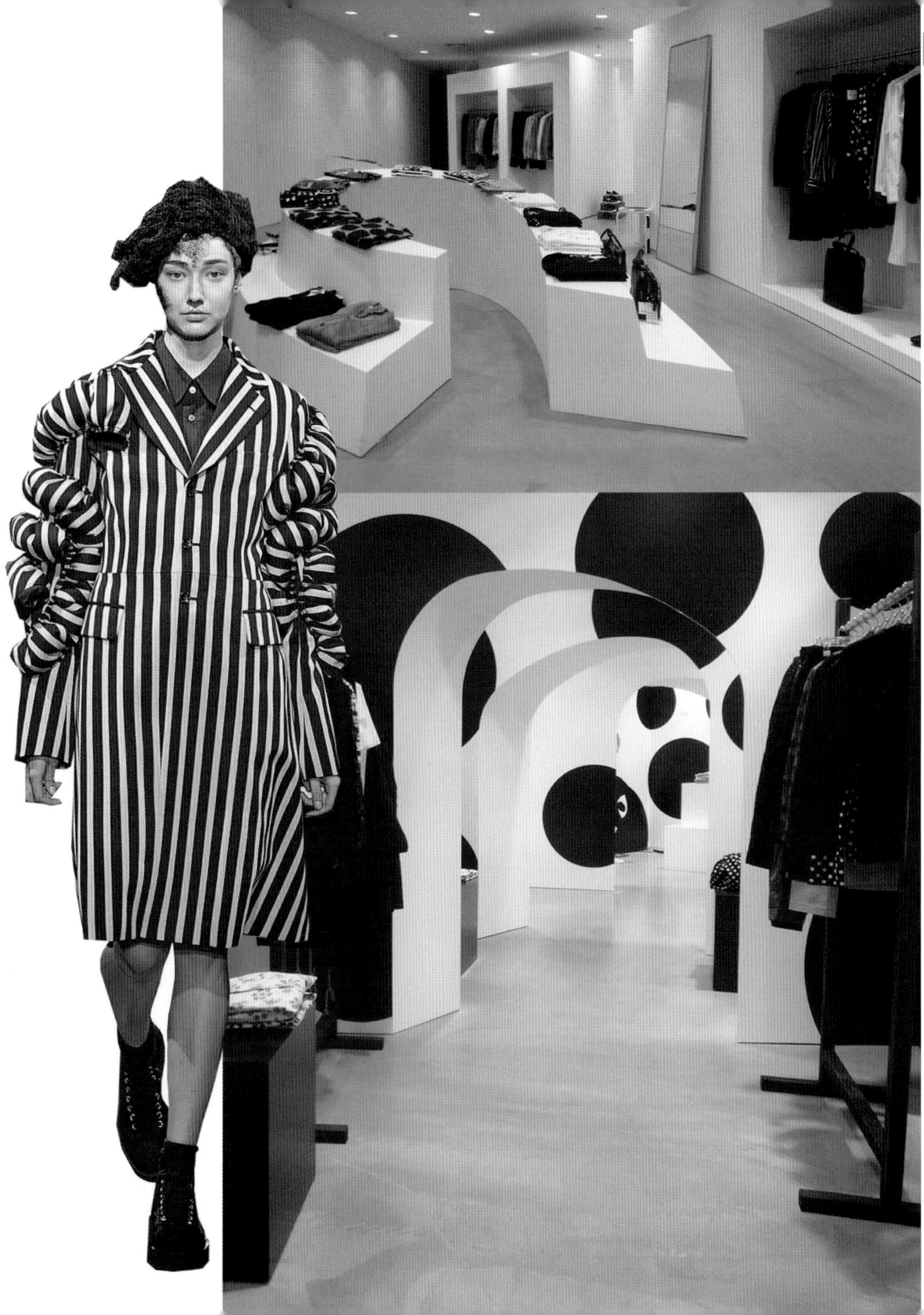

▼ 将品牌代表色紫色贯穿于品牌商品、店铺陈列以及广告当中，通过神秘的
东方形象强调女性性感的安娜苏2013秋冬发布会和店铺陈列

▼ 象征欧洲正统贵族名门的经典高档品牌路易威登，将皮质色感的品牌代表色——棕色和米色以及标志图案贯穿于2013春夏发布会服装、所有的皮制品和店铺陈列中

▼ 芬迪2013春夏发布会及道具的案例，为给喜好时尚都会感的男士推出了深色调的红色、
  蓝色、黄色等季节流行色，将有色感的无彩色融入到季节色彩当中

▼ 吉尔·桑达（Jil Sander）2013春夏品牌以白色、黑色、灰色等
无彩色调为中心，强调简约、节制的高档美。每季都会选用全新
的点缀流行色，这季选用宝蓝色作为点缀色的发布会和橱窗陈列

Theme 4.

品牌目标形象的设定

沟通的桥梁——"讲故事"

人们渴望与别人交流自己的故事，也希望能对他人的新故事产生共鸣。21世纪是"讲故事"的时代。基于自身的世界观和宇宙观编出了"故事"，再发挥技术性的想象力，就可以使新的创造和革新成为可能。

当今的感性产品销售的不只是产品本身，还有透过产品讲述心中梦想的"故事"。为特定的人编织故事，再把"故事"不断地重新形象化，让消费者为之狂热。无论是创建新品牌还是翻新老品牌，塑造出各个服装企业能够与消费者共享的"品牌故事"是难度最大的工作之一。

目前，大部分中国服装品牌还处于依靠以销售为中心扩大流通的战略促进企业发展的阶段，因此各个企业十分欠缺"品牌故事"。另外，为了紧跟市场变化，企业不时地变更品牌定位和品牌概念，也给品牌的属性造成了混乱。

▼ 品牌概念形象题板

项目案例: 曼娅奴「JOE & JULES」

品牌目标形象的设定

探索色彩的形象概念

　　探索色彩的形象概念指的是以"色彩通过形象进行沟通"为前提，寻找符合品牌概念和新产品开发目的的"色彩故事"，即视觉形象概念。例如从"华丽、朴素、温柔、浪漫、都市、田园、女性化、男性化、动感、宁静、保守、革新"等所有这些可以刺激我们的感性并能进行沟通的概念中，导出与商品策划概念相吻合的视觉形象概念。

　　色彩形象的表现一般要根据所设定的视觉形象的概念，选定与之相配的形状和材质，最后再运用色彩完成具体的目标形象。但是，有时也会根据一定要强调的"色彩形象"，先选定具体的中心色，然后再选定最适合表现这一形象的材质和形状。

职业女装、休闲女装、休闲男装、户外、运动等，根据不同市场的差别化色彩形象概念

▲ 职业女装：天鹅绒深色调/丰富的酒红色系/各种浆果色调/饱满的洋红色调

Edge Romance 个性浪漫主义

▲ 休闲女装：甜蜜梦幻氛围/全新的仙女氛围/浪漫的淡彩色/冬季苔藓色

Antique Shadow 高档复古影子

· Dark Wood Inspired (다크한 나무에서 영감을 받은 컬러들)
· Re-Historical Forest Mood (재역사된 숲의 무드)
· Unusual Combination of Green (흔하지 않은 그린컬러의 조합)
· Vegetable & Organic Hue (식물과 오가닉의 색조)

▲ 休闲男装：受深色木材启发/历史的森林氛围/不寻常的绿色组合/植物与有机的色彩

Dream Harmony 和谐梦想

▲ 户外/运动/动感艳色/柔和的灰色、淡色/各种无色调/荧光黄、红色、钴蓝点缀色

项目案例：韩国大邱庆北纤维产业联合会

色彩形象概念的设定

　　色彩形象策划的第一步是先要根据商品策划概念导出色彩形象。然后为了选定主要色彩，需要将商品策划概念的主概念细分成辅助概念，对形象进行具体地划分。例一：如果选定了"自然主义"的主概念形象，就需要按照春、夏、秋、冬的季节性，天、地、水等自然领域，动物、植物、矿物等物质领域再次进行细分，确定小主题。然后从设定的小主题中导出所希望的视觉形象概念，之后再设定可以表现这一形象的具体物体或情况，根据产品的形状和质感，搭配组合中心色与辅助色。

▼ 突出绿色和黄色的和煦春天形象

▼ 蓝白的大海与天空的凉爽夏日形象

▼ 满是金色、橙色、棕色落叶的秋日形象

▼ 纯白色雪景上灰色与无色调树枝的寒冷冬日形象

品牌目标形象的设定

　　例二：如果选定了"文化主义"的主概念形象，就需要从各个时代的生活里反映特定形象的象征性元素中，从音乐、美术、建筑、文学、体育等各种题材里，从历史、艺术、科学、文化背景中，选定小主题，导出所希望的特定视觉形象概念，然后将可以最有效地表现这一形象的中心色和辅助色进行搭配组合。

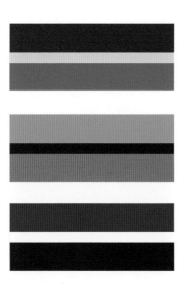

▼ 传统韩服中红色、蓝色、橙色、绿色等华丽彩虹色的生动形象

▼ 苏格兰传统短裙中的红色、绿色、蓝色、深蓝色等色彩形象

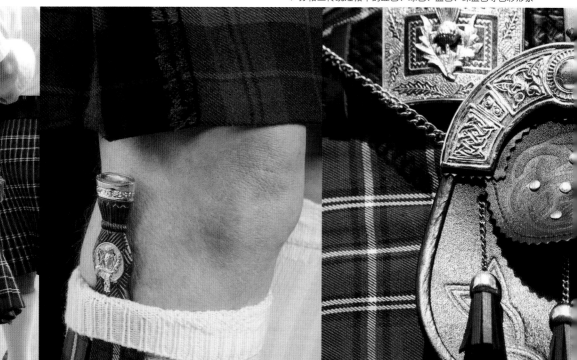

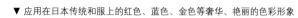

▼ 应用在日本传统和服上的红色、蓝色、金色等奢华、艳丽的色彩形象

▼ 墨西哥传统斗篷，自然色和强烈原色的调和

主题色彩形象企划方法

一般情况下，服装品牌每季进行产品开发前会先设定商品企划主题。在设定主题时重要的是既要反映品牌自身的定位特性，又要反映季节的新形象。

设定了符合品牌特性又包含流行新鲜度的主题之后，要运用可以良好表现主题的视觉元素，即色彩、款式、面料等共同完成商品企划主题。

此时，色彩组合会给主题所要传达的形象带来很大的影响。

Constructive Cross
结构的交叉

- Moderated Avant-garde
- Contemporary Lady Look

– 现代的先锋派
– 当代女士风

Constructive Future

Soft X-Line Silhouette
for Sculptual Tailoring Suit,
Sleeveless JK, Asymmetric Skirt & Blouse,
from Moderated Avant-garde Look

柔和的X线条形态
适用于雕刻感的雕裁套装，
无袖的夹克，不对称的短裙和衬衫，
来自现代的优雅风格

Constructive Retro

H-Line Silhouette
for Molded Tailoring Suit,
Dimensional & Minimal One-piece,
from Contemporary Lady Look

H型线条形态
适用于特制的套装，
立体和迷你的连衣裙，
来自当代的女性雅致风格

Elegance Sports
优雅的动感

- Feminine & Stylish Outdoor
- Urban Dress Look

-女性美和时髦的外衣
-都市装扮

Elegance Sports 1.

Slim A-Line Silhouette
for Sporty Dress & Feminine Hoodie Jumper,
Colored Leggings & Wide Shorts,
from Urban Dress Look

纤细的A-型线条形态
适用于动感的裙子和女性化的连帽毛衣，
各种颜色的精裤和宽松的短裤，
来自都市裙装风格

Elegance Sports 2.

Slim Cocoon Silhouette
for Sporty Dress & Feminine Man to Man,
Colored Leggings & Vest Jumper,
from Urban Dress Look

纤细的蛋型线条形态
适用于时髦的运动裙和女性化的套衣，
各种颜色的精裤和马夹外套，
来自都市裙装风格

项目案例：影儿集团「YINGER」

Romantic Preppy 1.

Soft A-Line Silhouette
for Blouse Jk & Flare Skirt Combi,
2 in 1 One-Piece, Top Vest,
from Romantic Retro Look

柔和的A型线条形态
适用于衬衫夹克和闪亮的短裙搭配，
2连1的连衣裙，短款马夹，
来自浪漫的复古风

Trans Preppy

预科贵族的变化

- Twisted & Playful Girl
- Romantic Retro Look

- 变化和明快的风格
- 浪漫复古风

Romantic Preppy 2.

Romantic A-Line Silhouette
for Like or Real Layered One-Piece,
Decorative Top & Cardigan,
from Fairy-like Layered Look

浪漫的A型线条形态
假成真的层叠穿着的连衣裙，
装饰的短款和形衫，
来自精灵搬的层叠穿着

Retro Preppy 3.

Boxy Straight Silhouette
for Updated Jumper & Cropped Jk,
Minimal Tiered Skirt & Jumper Skirt,
from Minimal Retro Look

宽松笔直的形态
适用与时髦夹克和裁切不正的夹克，
迷你层叠摆短外套式裙摆，
来自迷你风复古风

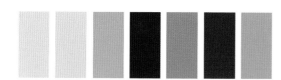

Romantic Safari

浪漫之旅

- **Inspired by African Culture**
- **Elegance Traveler Look**

－ 来自非洲文化的灵感
－ 幽雅的旅行装

Romantic Safari 1.

**Soft A-Line Silhouette
for Belted Shirts Dress,
Like Safari Suit,
from Elegance Traveler Look**

柔和的A型线条形态
适用于带腰带的衬衫裙，
类似狩猎装的款式，
来自优雅的旅行装风格

Romantic Safari 2.

**Main Item / Belted Shirts Dress & Trench Coat
Safari Jacket & 7~8 Baggy Pants Combi.
Tunic Blouse**

主要品类 / 带腰带的衬衫裙和风衣
猎装式夹克和7~8分袋状裤
束腰女式衬衫

Romantic Safari 3.

**H-Line Silhouette
for Waisted Trench & Dress Coat,
Decorative Pencil Skirt,
from Romantic Career Look**

H型线条形态
有腰线的风衣和风衣裙，
装饰的铅笔裙，
来自浪漫的工作风格

项目案例：影儿集团「YINGER」

为了将所选定的主题形象应用在实际商品当中，在进行服装商品企划时需根据季节、上货波段、品类、性别等将色彩分为基本色(Basic)、融入流行色的新基本色(New Basic)和流行点缀色(Trend)。

此时，要考虑各商品群所用色彩的比例、色感和色调组合，并且在进行设计开发时，要对主要色彩群进行搭配模拟试验，对选定色彩进行初次验证。

秋冬男装色彩

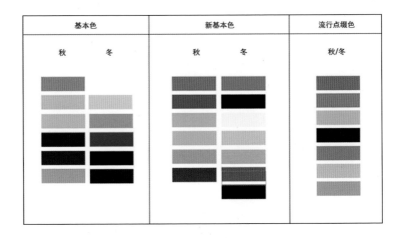

秋冬女装色彩

主题1 基本色_秋季

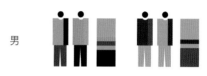

男

女

主题1 基本色_冬季

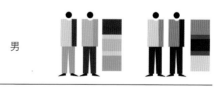

男

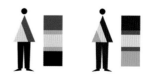

女

项目案例：韩国金狐狸「Wolsy」

品牌目标形象的设定

主题2 新基本色_秋季

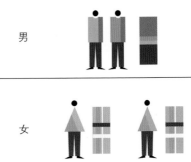

主题2 新基本色_冬季

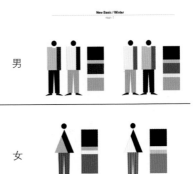

主题3 流行点缀色_秋/冬

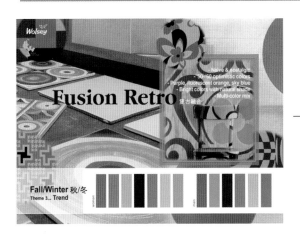

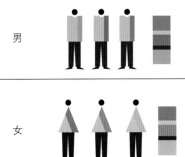

男

女

印花图案

新基本_秋季

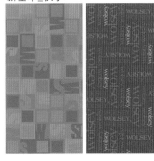

新基本_冬季

流行_秋/冬

项目案例：韩国金狐狸「Wolsy」

Theme 5.

掌握色彩企划的要点

掌握色彩企划的要点

服装色彩企划的七个误区

大部分的服装企划负责人对色彩企划抱有很大的误解。

其实反复出现的错误和失败都是稍加思索就可以预防和避免的。问题的共同之处就在于忽视了要对服装品牌的代表色、常用色和流行色的应用范围与相互搭配体系进行交叉确认。

导致服装色彩企划失败的原因大致有如下几点：

1）品牌的目标形象即品牌属性和定位不明确。

很多服装品牌缺乏与顾客沟通的核心信息和象征这一信息的形象，当然也不存在品牌代表色。应用流行色时一定要考虑到与品牌代表色的和谐搭配，记住每季可以赋予变化的色彩是有限的。如果不考虑服装品牌的概念和代表色，每季只是生搬硬套地采用流行色的话，只会损害自身品牌所沿承的固有价值。

▼ 以品牌代表色——橙色为中心搭配的爱马仕橱窗陈列

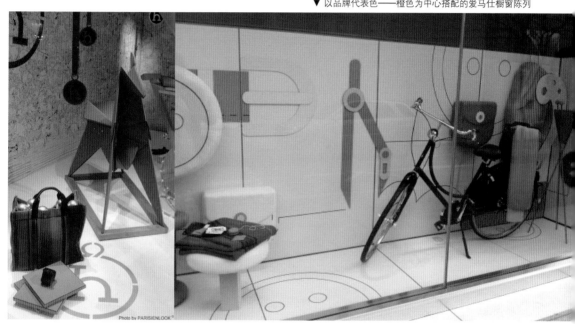

Photo by PARISIENLOOK ®

2）一相情愿地认为每季只在部分品类上采用流行色即可吸引住顾客。

在实际服装色彩企划中要考虑每个品类应用的流行色的色相和色调是否与面料和款式相搭配，每个上货波段差异化的点缀色形象是否明确，每个波段作为点缀色的流行色是否能够恰如其分地反映出季节感和流行形象，所采用的色相和色调是否能够凸显出相关品类的款式和材质特点。

▼ 使用定为季节核心点缀色的流行色与不同品类相搭配的陈列实例

掌握色彩企划的要点

3）过度关注每个单品应用的流行色，就会走入"只见树木，不见森林"的误区。

要确认各服装品类上、下、内、外的色彩搭配是否和谐？完成度高的商品策划不会只考虑每个单品的款式和面料的搭配，重要的是要考虑整体着装的色相和色调的搭配。

要确认各上货波段、各服装品类所采用的流行色的色相和色调与核心品类的常用色是否搭配？

例如，在春季第一波段，如果将风衣型夹克选定为战略销售品类的话，那么可以与风衣型夹克搭配的裤子、短裙、上衣、衬衫、T恤等的搭配品类就要选定符合着装款式风格的面料和色彩，最重要的是要完成着装品类的穿插搭配。

▼ 衬衫、T恤、腰带等与蓝色搭配的品类一同陈列的男装店铺

掌握色彩企划的要点

　　4）很多品牌都墨守成规地以为应该继续沿用与上一年度热销色彩同样的色相和色调，不敢尝试变化。

　　如果固守上一年度热销色彩的色相和色调，特定品类采用与上一年度相同的色相，只是部分品类才应用新流行色的话，不仅会使卖场整体的色彩形象互不搭调，而且也会破坏品类之间搭配的协调感，使得流行色的应用变得毫无意义。假如上一年度的热销色彩与下一季流行色的色相群相同时，可以沿用相同的色相，但色调应加以变化，反映出新的流行趋势，保证商品的持续热销。

假如上一年度的人气热销色彩是玫粉，那么今年就要根据流行粉色的色相和色调出现的变化，调配出不同于前一年的粉色的色感和色调。其实包括粉色在内的所有色彩，色感都十分丰富。如果粉色是核心品类，那么就要细致周密地考虑到其他颜色的搭配品类与粉色色相和色调的协调搭配，另外也要确定所运用色彩的比重。

▼ 使用反映新的流行趋势并且有变化感的粉色调展示的店铺终端

掌握色彩企划的要点

5）一些品牌坚持认为持续热销的常用色每季都应维持同样的色相和色调才能保证稳定的销量。

可是即便是常用色，也应根据上货波段，体现不同的季节感。同样的颜色在色感和色调上，应按照季节给予不同的变化。尤其是要根据流行趋势，调整常用色在品类中的比重，在不同的上货波段赋予产品新鲜感，从而维持稳定的销量。一般来说，常用色是指受到大众广泛喜爱，在日常生活中的衣食住等各个方面都非常常见的色彩。不仅易于应用在任何产品上，而且不受时间的限制，可以保持一定的销量，并且是库存压力较小的普遍色彩。

▼ 使用灰色、黑色、深蓝等无色调的基本色展示的终端店铺

例如，最具代表性的常用色有黑色、灰色、白色等无彩色系列和象牙白、米色、棕色等自然色系的色彩。不过，这些常用色也要根据波段季节、品类、流行色趋势来调节色感和色调，才能减小库存压力。最重要的是由于属于生产量较大的色彩群，所以各个上货波段受到流行趋势的影响，常用色的比重会产生很大的差异，故而详细掌握常用色的变化趋势尤为重要。

▼ 使用象牙白色、米色、棕色等自然基本色展示的终端店铺

掌握色彩企划的要点

6）误以为点缀色的作用不在于销售，而是起到凸显流行色的作用，因此可以自由自在地使用。

服装企划中点缀色的企划最重要的是要在体现出流行色变化的同时，选定可以与各上货波段比重较大的常用色相搭配的色相和色调，以引导顾客搭配购买。

　　选定作为点缀色的流行色时，要考虑到服装品牌的概念、市场定位、品类构成以及上货季节等具体情况，因此要视不同的服装品牌而定。

　　近几年来，由于消费者对流行色变化的接受能力日趋增强，部分服装市场正在逐渐减少常用色的比重，出现了流行色的使用率日渐增加的趋势。

▼ 在米色、灰色、深蓝、黑色等基本色中搭配季节流行色的黄色、驼色等点缀色的终端店铺

掌握色彩企划的要点

　　7）错误地认为服装色彩企划属于感性工作范畴，以应用数据进行决策不如以色彩感出色的负责人为中心进行决策。

　　真正有效的季节色彩企划必须要以商品企划、生产、销售、广告宣传等各个部门所积累的色彩现状分析资料为依据。

▼ Fubu, Beanpole,Chris christy, The North face四个品牌同一季的流行色——橙色，色相和色调的差别化使用示例

　　各种渠道正式发布的色彩预测信息，有助于集中了解新变化，通过对照分析竞争品牌与自身品牌的热销和滞销色彩销售资料，最终可以选定点缀色的色相和色调。只有以系统的色彩销售分析为基础，凭借经过长期训练培养出的色彩感，才能沉稳应对瞬息万变的时尚市场，引领色彩的流行趋势。

掌握色彩企划的要点

服装色彩数据分析要领

为了成功地进行服装色彩企划，事先要确认的要素都有哪些呢？

实际进行每一季的服装色彩企划时，既要重点考虑流行色与色调的分布比重，又要按照色彩固有的功能和企划意图，搜集各种色彩的数据分析资料。

1）根据季节商品的企划概念，先导出可以表现出目标色彩形象的各种形象核心词，再将影响产品完成度的形状、材质和色彩进行组合，确认各组成要素的固有形象是否会产生冲突。

2）经过对上一季自身品牌的销售分析和竞争品牌的热销、滞销服装色彩的销售分析，提前确认各目标市场的色彩变化和顾客反应，初步选定策划必需的色彩。

3）分析每一季全球服装设计师发布会和实际市场中领军服装品牌中新出现的流行色的色相和色调，确认可以引导下一季变化的色彩形象核心词和点缀色。

4）将专业色彩机构和时尚资讯公司发布的服装流行色预测信息与所提案的色彩形象按照色相和色调，制成综合比较分析表，初步选出各处共同提案的新色相和色调。

5）通过最近的各种文化活动、电影、电视剧、广告等，确认国内外演艺明星以及时尚潮人身上共同表现出的新的服装流行形象和流行色彩，最终决定需反映到下一季的服装色彩要素。

▼ 通过对服装发布会分析，分析出各季节流行色的色相及色调的变化

2013 春夏　　　　　　　　　　　*2014* **春夏**

黄色 (yellow)

橙色 (orange)

红色 (red)

2013 春夏

2014 春夏

紫红色 (fuchsia)

酒红色 (wine)

蓝色 (blue)

▼ 色相与色调（Hue&Tone）的变化表

2013 春夏

2014 春夏

翡翠绿 (emerald)

青柠色 (lime)

灰色 (grey)

掌握色彩企划的要点

影响服装色彩企划的六要素

为了成功进行服装色彩企划，首先要设定明确的品牌概念和商品企划主题。如果没有明确的品牌概念以及商品企划主题方向的话，整体产品设计时，只会以单品为中心，即兴地按照设计师个人喜好选择色彩。

设定服装商品企划主题是将每季新品中象征主要形象的核心词通过视觉形象的方式表现出来，同时决定与之相适应的新面料、色彩、款式、细节等。

1）谁(Who)：销售给哪些顾客？

按照年龄、性别、职业、收入水平等统计学特征，选定第一批顾客群，再根据生活方式、时尚观念、消费活动等感性形象，细化目标人群。将主要顾客形象和具有代表性的着装风格，虚拟设定成视觉形象。

2）什么(What)：销售什么商品？

品牌的战略主打销售商品是什么？要有具体的核心价值、特点和优势。

3）什么时候(When)：在什么时候销售？

明确体现出上货波段和实际销售时点的季节感十分重要。

4）在哪里(Where)：在什么地方以何种目的销售产品？

根据主要顾客的TPO着装调查和具体情况，为最得体的着装风格提案进行虚拟着装搭配，形成差异化的商品线。

5) 为什么(Why)：顾客购买的动机是什么？

充分了解主要顾客对流行的接受程度，细化并强调各品类的卖点(Selling Point)，帮助顾客理解反映流行趋势的服装元素和新产品特点。

6) 怎么样(How)：在什么地方以何种方式销售?

受到不同流通渠道和空间构成的影响，进店顾客群和卖场环境也明显不同。在适合销售时间和空间的高完成度的VMD陈列以及差异化的服务，可以使得商品企划时设定的目标形象得以有效展示。

然而，一些竞争力弱的服装品牌经常在商品企划主题尚不明确的情况下，以不特定的大多数人群为对象，将上一季销售较好的部分款式略加修改补充，开发出大量与竞争企业相比毫无差异化优势的样衣又迫于订货会日期的临近，不得不在这些开发出的样衣中进行订货会样衣的筛选。

如此仓促准备的样衣，到了订货会时又会为了形象的展示，进行生硬的着装搭配。或者在最终拍摄广告时，按照与商品策划主题完全不同的模棱两可的广告内容，塑造出毫不相关的季度新形象，往往导致品牌宣传活动不仅费力不讨好，而且与实际商品销售脱节。

掌握色彩企划的要点

<目标消费群>

项目	现在顾客	目标顾客
年　　龄	25~45岁	27~33岁
工 作 群	家庭主妇，金融界及公司职员	文化界，外企
顾客倾向	实用性，保守型，干练型	高档，合理，时尚
时尚感觉	现代的，舒适的，经典基本	新潮的，温和、风度的，自由的

项目案例：韩国「Solesia」

掌握色彩企划的要点

服装商品企划中的色彩运用

在服装色彩企划阶段，应该按照上货波段，先选定各商品线和品类的色彩后，再决定同一色彩的明度和彩度，从而达到高完成度的搭配。

进行商品企划时，根据商品群的特点，可分为作为品牌核心的核心商品群(Essential)，突出品牌引领时尚潮流形象的流行商品群(Must have)以及秉承品牌传统特点并可持续进行销售的基本商品群(Heritage)。各商品群的品类构成要形成差异化，考虑各品类的款式、面料后再选定颜色。

第一，核心商品群在全部商品中所占的比重最大，是主导每季销售的重点销售商品群。这一商品群中，色相和色调上反映出流行变化的常用色与可以体现出季节感的点缀色的协调搭配十分重要。

▼ 强调基本色和季节点缀色的销售核心商品群

掌握色彩企划的要点

第二，流行商品群在整个服装品类构成中的比重虽然不大，但是这一商品群每季提案新的款式时，都会积极地将流行色采纳为点缀色，扮演比竞争品牌更引领潮流的角色。

通过展现尽显流行时尚感性的多变形象，在吸引主要顾客进店的同时，又可以提供招揽新顾客的机会，是终端店铺的关键商品群。

▼ 以季节流行色来呈现店铺变化形象的流行商品群

掌握色彩企划的要点

　　第三，基本商品群在品类构成中所占比重不大，是每个品牌每季持续销售的基本销售品类。

　　首先要考虑到一贯秉持的品牌形象和产品特性，在应用色彩方面，即便是上一季的热销色彩，也要在色相和色调中融入部分流行变化元素，使之成为常销品类。

▼ 可与外套进行搭配并应用各季节流行色的基本款T恤——2013年春夏季

▼ 每个季节差别化的流行色色相及色调应用在基本商品群上，同各种款式的夹克、
西服、开衫和裤子等都可轻松搭配——2012年秋冬季

掌握色彩企划的要点

▼ 为了突出2013春夏流行色粉色，以不同色调的粉色为核心点缀色的效果

掌握色彩企划的要点

服装商品企划中的成功色彩企划

实际上，不同服装市场、不同服装种类根据品牌的定位不同，商品企划系统的差异很大。并且根据定位不同，各个服装品牌对流行色的应用程度也是千差万别的。此时，需要对商品企划各阶段的色彩要点进行确认，并通过集中分析客观数据和依托熟练的色彩感性来确定季节主色的变化和选定流行点缀色。

一般情况下，在色彩企划的过程中有不容忽视的共同执行内容。

下面是服装商品企划中的色彩企划实际案例，可以通过此案例具体了解这些内容，并明确品牌商品企划中各阶段色彩应用的核心确认要点。

- 分析国内外时尚资讯公司的流行色预测信息
- 分析全球奢侈品品牌发布会的流行色
- 分析自身品牌及竞争品牌的热销/滞销色彩销售数据
- 分析当季商品策划概念并制作色彩形象图板
- 选定各上货波段、品类、面料、款式的主打色和辅助色
- 制作广告宣传及各波段店铺陈列的VMD陈列色彩图板

▼ 分析国内外时尚资讯公司的流行色预测信息

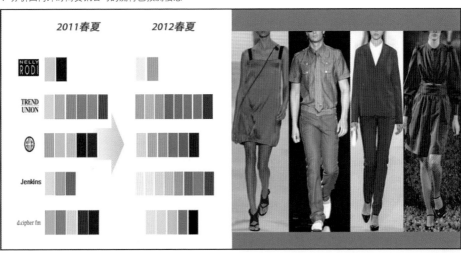

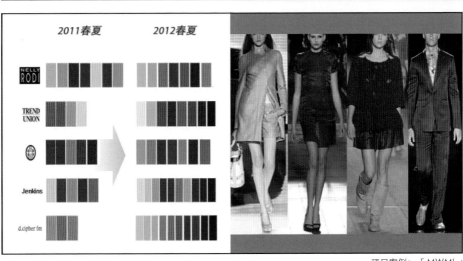

项目案例：「MWML」

掌握色彩企划的要点

▼ 分析全球奢侈品品牌发布会的流行色

DEFIANT RED 大胆的红色

红色比前一季的莓果色调更深，且呈现蓝调红色。/用天鹅绒面料、皮革、有光泽的牛仔、水洗的色丁布和打蜡处理的棉光泽面料搭配。

MELLOW YELLOW 柔黄色

温暖的黄色和种羊色在这一季中受民族风的影响得到了强调，/与之前的藏红花蜂蜜色相比色彩更亮、更浅和/运动装和夹克色全新运用。

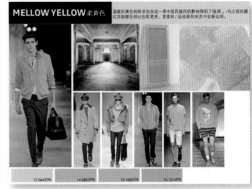

SOFT AQUA MINT 柔和薄荷绿

薄荷绿是本季重要的淡彩色。比上一季的蓝绿色显得更浓。适用于干练的针织衫和有质感的毛衫/淡彩色的定制服装继走在流行的前沿，但仍给人亲切感。

INK BLUE 墨蓝色

蓝色从温和色感的中蓝色到纯蓝色大范围的呈现，靛蓝色为底色的蓝色是这一季的核心。发布会中出现了一抹墨蓝色用于漂白或浸染效果。

SAND 沙石色

上一季以柔和色调展开的大地色在这一季集中在沙石色上。/与肤色调的淡彩色或浅发色，亮蓝色搭配，演绎清新自然的风格。

CREAM WHITE 乳白色

各种白色的搭配组合仍然表现的很强势，纯白色、乳白色、甚至到石白色各种白调的白色出现。其中乳白色尤为重要，传达出都市的、温暖感性。

▼ 分析自身品牌及竞争品牌的热销/滞销色彩销售数据

职业女装市场

年轻女装市场

掌握色彩企划的要点

▼ 分析当季商品策划概念并制作色彩形象图板

BOHO TRAVELER
波 西 米 亚 之 旅

- SAFARI TRAVEL WEAR
- URBAN & ETHIC MIX
- SOPHISTICATED DESERT MOOD
- 70'S RURAL HIPPIE

－狩猎旅等装束
－都市与种族风的融合
－干练沙漠的调性
－70年代的田园嬉皮族

波西米亚之旅 / BOHO TRAVELER 12 SPRING

- MILITARY & SAFARI MIX
- URBAN & NATURAL MIX
- NATURAL KHAKI & DESERT GREEN & SOFT ORANGE POINT

－军装与猎装风的融合
－都市与自然的融合
－自然感的卡其、沙漠绿和柔和的橙色点缀

波西米亚之旅 / BOHO TRAVELER 12 HOT SUMMER

- MILITARY & HIPPIE MIX
- RURAL BOHEMIAN MOOD
- NATURAL WHITE & DEEP GREEN & SUMMER WINE, BLUE POINT

－军装风与嬉皮的融合
－田园感的波西米亚调性
－自然感的白、深绿、夏季酒红和蓝色点缀

波西米亚之旅 / BOHO TRAVELER 12 SUMMER

- MILITARY & TROPICAL MIX
- RELAXED NATURAL MOOD
- NATURAL KHAKI & EARTH GREEN & ETHNIC ORANGE, GREEN POINT

－军装与热带感性的融合
－轻松的自然调性
－自然感的卡其、大地绿、部落橙和绿色点缀

▼ 选定各上货波段、品类、面料、款式的主打色和辅助色

▼ 制作广告宣传及各波段店铺陈列的VMD陈列色彩图板

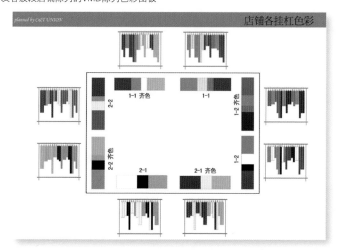

项目案例：「MWML」

掌握色彩企划的要点

▼ 分析当季商品策划概念并制作色彩形象图板

▼ 选定各上货波段、品类、面料、款式的主打色和辅助色

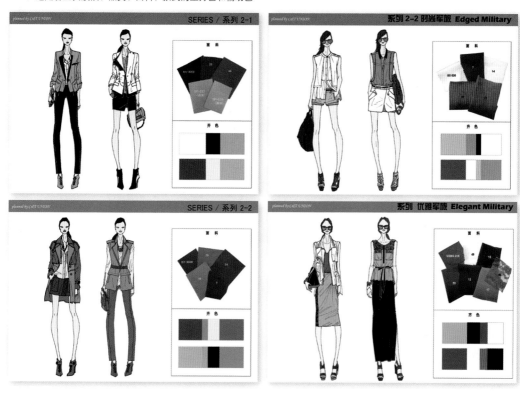

▼ 制作广告宣传及各波段店铺陈列的VMD陈列色彩图板

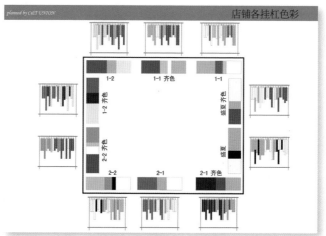

项目案例：「MWML」

掌握色彩企划的要点

服装品牌店铺 VMD色彩企划

为什么各服装品牌的陈列色彩构成的完成度存在差异呢?

为什么品牌店铺很难与周围其他店铺形成差异化呢?

最根本的原因就在于缺乏事先精心策划的色彩故事。另外,选定适合各品类最佳搭配的具体色相和色调的色彩感度也因人而异。

一般情况下,终端店铺中为了便于销售,经常出现由非专业人士进行的罗列式陈列热销品类的情况,这样不仅使得各上货波段所强调的核心色彩变得不明确,而且色彩搭配体系也变得杂乱无章,弱化了整体的色彩形象。

▼ 各板墙、各中岛的差别化品类颜色搭配陈列效果的终端店铺实例

  按照立体连接的空间布局，以着装搭配为中心的色彩组合是店铺VMD陈列的核心元素，它对统一的品牌形象战略来说至关重要。

  根据店铺的大小，决定各上货波段和商品线的货架与物品布局，为了能使各区域、各货架展示的色彩形象和色彩搭配看上去一目了然，要特别注意主打色和点缀色的色相与色调的协调搭配。

掌握色彩企划的要点

为了成功地完成店铺VMD陈列，先要设定明确的色彩形象概念。

当前上货波段的重点销售品类和色彩是什么？

进行系列搭配的品类和色彩是什么？

搭配品类的辅助色与何种颜色、按什么比例组合？

根据空间特点，采用什么样的照明布置使色彩效果最大化？

为了能够预先确认上述问题，就需要将旗舰店的卖场陈列模拟进行可视化。只有对上货后陈列色彩构成的模拟效果预先进行检验，才能相对地保证卖场最终陈列色彩构成的准确展现。

▼ 根据明确的色彩形象概念而企划的店铺VMD实例

最后，最重要的是要在订货会后，选择大小不同的代表店铺，将最终选定的商品直接进行陈列布置，并拍下照片。然后将各上货波段店铺的实际陈列效果图片制成图册后分发给全国的其他店铺，帮助全国各地的店铺按照总公司的商品策划意图做好色彩陈列。

这样不仅使每季全国各地的卖场陈列保持统一感，还可以在巩固品牌形象的同时，引导各上货波段有差异化的色彩形象变化。

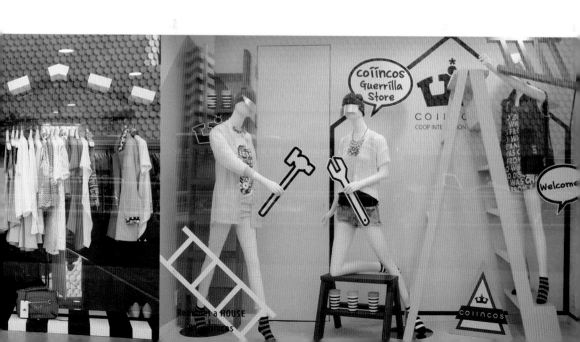

掌握色彩企划的要点

▼ 制作手册

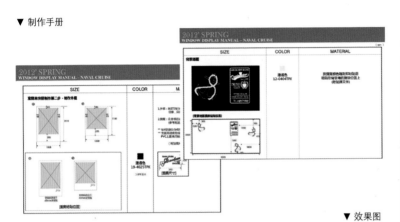

▼ 效果图

项目品牌：「与狼共舞」

掌握色彩企划的要点

▼ 制作手册

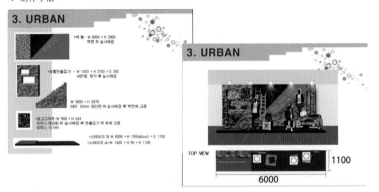

▼ 实际橱窗陈列案例

▼ 效果图

项目品牌：「特步」

掌握色彩企划的要点

▼ 制作手册 Top VIEW

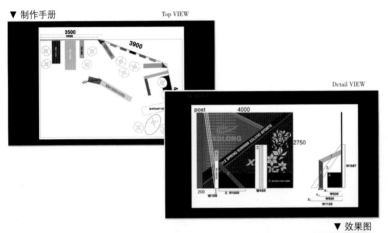

Detail VIEW

▼ 实际订货场VP区陈列案例

▼ 效果图

项目品牌：「喜得龙」

掌握色彩企划的要点

理解色彩搭配体系

成功的色彩搭配策划对卖场陈列的完成度起着十分重要的作用。

在多种色彩进行组合时，色彩极易受周围色彩尤其是邻近色的影响，按照明度、彩度、色相对比程度和分布比重的不同，会呈现出完全不同的色彩形象。因此加深对下面基本色彩搭配体系的理解和进行反复的配色训练是必不可少的。

同色系配色(Tone on Tone)

在同一色系内调整色彩明度或色调的强弱，突出色相本身固有的形象，表现出有稳定感的和谐氛围。

掌握色彩企划的要点

同色调配色(Tone in Tone)

以相同明度区域内相似的色调为中心，组合多种颜色，搭配演绎出柔和的形象。

掌握色彩企划的要点

渐变配色(Gradation)

　　以同一色系内或色相环中邻近的颜色为中心，通过明度和彩度的微妙变化，突出色彩固有形象的同时表现出柔和的色彩形象。

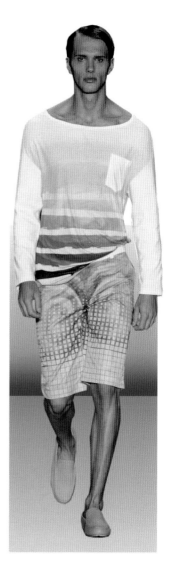

掌握色彩企划的要点

单色配色(Camaieu)

　　色相、明度、彩度都属于同一区域的颜色之间相互融合，利用看上去就像同一颜色的错视效果，演绎各种混合色感的神秘形象。

掌握色彩企划的要点

对比色配色(Contrast)

通过色相差和明度差较大的色彩之间的组合，突出强调特定的色彩形象，即利用对比效果演绎强烈的形象。

掌握色彩企划的要点

补色配色(Complementary)

色相环上180°正对着的明度和彩度相近的颜色相互组合。例如，暖色和冷色的补色组合，演绎出强烈而华丽的形象。

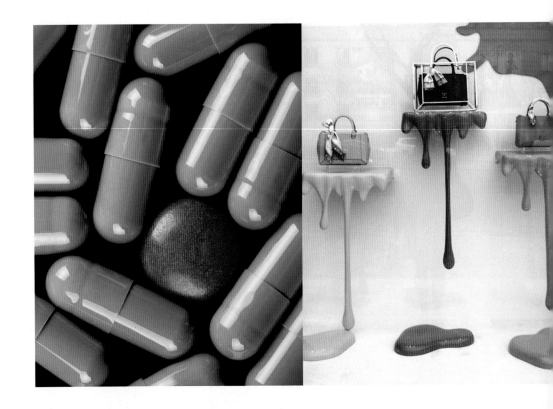

掌握色彩企划的要点

利用五感全面感受色彩

透过对以上介绍的色彩认知体系的理解，发掘并创造各种不同的"美"是属于色彩专家探求的领域，同时也是所有人希望通过色彩经历全新体验的感性领域。由特定色彩获得的感动会存储在大脑里，同时又会触动另一个感官，诱发另一种体验。过去的记忆、感情以及各种回想使人联想到另一个形象，瞬间给予的刺激可以引发感动的协同效应。

色彩搭配本身并不存在协调与不协调的界线，受到个人的风格、喜好和经验的影响，协调和不协调的范围会随之产生变化。协调可以表现出典型的稳定感和秩序感，不协调则可以表现出更创新、让人惊异的感性。

在色彩感觉训练方面观察和体验得越多，感觉会变得越敏锐，因此需要在实践中持续反复地进行训练。但是部分感性直观领域与艺术感性一样，是在与生俱来的动物性天赋基础上进化发展的。动物性色彩感就如同日常的呼吸一样，在不知不觉中经历的新的文化冲击、与不同对象的沟通、各种奇异的现象，都通过五感积累了下来。

在这里，我们不能忽视的一点是：人们一般对色彩的记忆要比形状深刻。也就是说，形状属于理性范畴，而色彩则属于感性范畴。人们的行为90%以上是出自感性，只有10%左右是出自理性。

视觉是五感之中最强大的感官。消费者对产品第一印象中的60%以上是由色彩决定的。人们所获取的信息中的80%以上是通过视觉获得的。而且，通过视觉接触到的物体中，跟属于理性范畴的物体形状相比，属于感性范畴的色彩留下的记忆更深。

　　由于现代社会更重视理性的论争和可以测量的结果，所以现代人的感性需求日趋增多，人们更希望获得感性的满足。因此，一个成功的色彩策划最重要的就在于通过品牌概念、商品策划概念、广告策划概念之间的整体形象搭配，引发整体的形象联想效应。每季的战略核心色彩应贯穿始终地体现在产品、广告、包装和卖场中，成为可以与市场营销要素统一运用的核心要素。

　　综上所述，为了成功地完成色彩策划，所有从事时尚事业的人都应在理解上述色彩基本属性核心内涵的基础上，运用对数据资料的科学分析，在工作实践中带着富有创意的感性目光，持之以恒地反复训练提升自身的色彩感。只有这样才能避免重蹈覆辙，减少重复性的失误，成长为一名游刃于无限神秘的色彩世界的色彩专家！

书目：服装

书名	作者	定价（元）
国际服装丛书·营销		
视觉之旅——品牌时装橱窗设计	［英］托尼·摩根著 陈望译	78.00
视觉营销：零售店橱窗与店内陈列	［英］摩根	78.00
时尚买手	［英］海伦·格沃雷克	30.00
全球最佳店铺设计	［美］马丁·M·派格勒	148.00
店面橱窗设计	［美］缪维	42.00
视觉·服装：终端卖场陈列规划	［韩］金顺九 李美荣	48.00
全程掌控服装营销	［韩］崔彩焕	36.00
服饰零售采购：买手实务（第七版）	［美］杰·戴孟拉	38.00
服装零售成功法则	［美］多丽丝·普瑟	42.00
服装产业运营	［美］伊莱恩·斯通	88.00
服装技术应用实践教材		
服装应用设计	东华大学继续教育学院	29.80
服装形象设计	东华大学继续教育学院	36.00
服装企业实务宝典		
服装企业班组长手册	万锦标	28.00
服装快速反应系统	谢红 周旭东	32.00
服装企业人力资源管理	陆遊芳	32.00
服装企业管理模式	常亚平	46.00
服装产业链理论与实践	宁俊	30.00
服装企业实用管理表格（附盘）	吴卫刚	38.00
服装业供应链管理	邓汝春	38.00
服装品质管理实用手册（第二版）	金壮	35.00
服装企业IS9000质量管理（附盘）	吴卫刚	32.00
服装企业技术与设计	吴卫刚	22.00
服装市场调研分析—SPSS的应用	张莉	28.00
服装企业营销实务	吴卫刚	22.00
服装开店办厂指南	吴卫刚	28.00

| 成衣品牌与商品企划 | 庄立新 | 18.00 |
| 服装企业物流管理 | 邓汝春 | 38.00 |

中国服饰业经营实战丛书

店铺运作（附盘）	杨大筠	34.00
完美营销（附盘）	杨大筠	42.00
360度店铺服务（附盘）	高彩凤	26.00
商品管理（附盘）	杨大筠	32.00
视觉营销（附盘）	杨大筠	32.00

服饰企业全能管理实务

强势销售：提升业绩的门店服务（附盘）	刘亚军	32.00
品牌至上：提升形象的品牌经营（附盘）	韩燕	34.00
打造名店：决胜终端的店铺运营（附盘）	姚金亮	38.00
卖场陈列：无声促销的商品展示（附盘）	马大力 周睿	36.00
商品为王：稳定市场的商品管理（附盘）	马大力 王秀才	32.00

服装品牌运作前沿管理智囊库

服装设计策略（附盘）	徐斌	38.00
服装广告（附盘）	吴静	38.00
服装商品组合（附盘）	马大力	30.00
服装展示技术（附盘）	马大力 徐军	39.80
构建服装品牌力量	北京盛世嘉年国际文化发展有限公司	98.00

服装视觉营销实战培训

视觉巡店：国际品牌店铺陈列赏析	周同	48.00
橱窗设计	李玉杰	46.00
卖场陈列设计	韩阳	46.00
服装卖场陈列	李维	49.80

注：若本书目中的价格与成书价格不同，则以成书价格为准。中国纺织出版社图书营销中心门市、函购电话：（010）67004461。或登陆我们的网站查询最新书目：

中国纺织出版社网址：www.c-textilep.com

内 容 提 要

时装通过色彩给顾客留下第一印象并进行持续的沟通。在如今的时装界，色彩已成为品牌的核心竞争力。作者从事时装色彩策划已经二十多年，与诸多中国企业合作，总结多年经验著成此书。

本书针对中国的服装市场，为帮助中韩两国服装企业善用优势、取长补短，对从服装商品策划到市场营销的过程中，选定色彩时必须重点考虑的问题和色彩策划时需要把握的核心要点，着重进行了说明。同时，每一章节都提供了相关的案例和图片，希望读者能积极理解并加以应用。

图书在版编目（CIP）数据

服装品牌色彩设计：让品牌畅销的色彩奥秘／（韩）尹舜煌著；王绮萌，李莹莹译. —北京：中国纺织出版社，2013.10

ISBN 978-7-5180-0004-3

Ⅰ.①服… Ⅱ.①尹…②王…③李… Ⅲ.①服装色彩–设计–研究②服装–品牌营销–研究 Ⅳ.①TS941.11 ②F768.3

中国版本图书馆CIP数据核字（2013）第217927号

策划编辑：李沁沁 张 祎　责任编辑：李沁沁　　责任校对：楼旭红
责任设计：何 建　　　　责任印制：何 艳

中国纺织出版社出版发行
地址：北京市朝阳区百子湾东里A407号楼　邮政编码：100124
邮购电话：010—67004461　传真：010—87155801
http://www.c-textilep.com
E-mail:faxing@c-textilep.com
天津光明印务有限公司印刷　各地新华书店经销
2013年10月第1版第1次印刷
开本：710×1000　1／16　印张：11.5
字数：63千字　定价：42.80元